LE CIDRE

SON INTRODUCTION DANS LE PAYS DE LAVAL

Par l'abbé A. ANGOT

MAMERS

G. FLEURY ET A. DANGIN, IMPRIMEURS-ÉDITEURS

1889

LE CIDRE

SON INTRODUCTION DANS LE PAYS DE LAVAL

LE CIDRE

SON INTRODUCTION DANS LE PAYS DE LAVAL

Par l'abbé **A. ANGOT**

MAMERS

G. FLEURY ET A. DANGIN, IMPRIMEURS-ÉDITEURS

—

1889

LE CIDRE

SON INTRODUCTION DANS LE PAYS DE LAVAL

Sur cette question, non étudiée encore (1), de l'origine et des développements d'une culture aujourd'hui si importante pour le pays de Laval, les comptes de l'Aumônerie-Saint-Julien nous fournissent des détails précis qui satisferont la curiosité de ceux qu'intéresse l'histoire agricole de la Mayenne. Nous ne parlerons dans cet article que des environs de Laval. Pour Mayenne et Châteaugontier les conclusions ne seraient plus les mêmes. L'arrondissement de Mayenne, où la vigne n'a guère pu être cultivée, connut évidemment le cidre plus tôt ; celui de Château-Gontier, qui tenait à l'Anjou, garda au contraire plus longtemps la culture exclusive de la vigne.

Au commencement du XVᵉ siècle, 1409, le vin seul est mentionné comme boisson dans les comptes de l'Hôtel-Dieu, et les vignobles de l'établissement situés aux Carrés, à la Cotellière et aux Bérardières, étaient alors assez importants. Trente-cinq hommes étaient occupés pendant une dizaine de jours à « vouyer » les fûts, fouler les vendanges, et

(1) Monsieur Louis La Beauluère dans une très bonne note de son édition des Annales de Guillaume Le Doyen a constaté que la vigne se cultivait à Laval à une époque très ancienne, dès les XIIᵉ et XIIIᵉ siècles. Il explique aussi quelques-unes des causes de son abandon. (pages 347-352.)

« sessouerer » (1) les vins blancs. Un homme gardait le pressoir, jour et nuit, pendant vingt jours. Il en résultait une dépense totale d'environ 24 livres, qui ajoutée à 21 livres dépensées pour plesser, bécher et tailler la vigne, nous donne le prix de revient des 37 pipes de vin qu'on recueillit en cette année, environ 25 sols la pipe.

C'est vingt-cinq ans plus tard, au moment où les Anglais ravagent le comté de Laval, qu'il est enfin question du cidre; mais combien modestement. On en achète une demi pipe en même temps qu'une pipe de corme, non pas pour la « despense de l'hostel » où l'on consomme encore cette année-là 31 pipes de vin, mais pour les « varletz, chambrières et ouvriers ». Cidre et corme étaient estimés à la même valeur, 15 sols la busse, moins du tiers du prix du vin. Cette défaveur durera encore plus de cinquante ans ; « Boyre cidre c'est pouvre escot » c'est « breuvage de maczous » dira Guillaume Le Doyen à la fin du siècle.

Ces débuts sont modestes pour le jus de la pomme qui bientôt pourtant, grâce à un outillage moins rudimentaire, à une fabrication plus soignée, et à des fruits de meilleure espèce obtenus par la greffe, va supplanter chez nous et faire disparaître les vins du cru.

Le vin comme toutes les denrées devient un peu plus cher dans les années suivantes, ou plutôt la puissance de l'argent, désormais moins rare , diminue graduellement. En 1451 , la pipe coûte 3 écus ; en 1458, madame la comtesse de Laval en achète de l'Aumônerie quatre pipes pour 14 écus.

Le prix du cidre au contraire ne semble pas avoir varié. Quand nous le retrouvons mentionné pour la seconde fois, en 1462, c'est pour un achat de deux busses qui sont prises à la Chapelle-Rainsouin et qui coûtent 31 sols 3 den., plus 5 sols pour le charroi. Nous ferons remarquer ici qu'on ne

(1) Peut-être faut-il lire *pressouerer* !

fabrique pas encore le cidre aux pressoirs de l'Aumônerie, et que même on le fait venir d'une distance de cinq lieues.

Cette transformation toutefois est imminente. Ce nouveau progrès dans l'industrie qui nous occupe va s'accomplir, et nous inclinons à croire que l'Aumônerie-Saint-Julien fut à la tête de l'innovation : les conditions dans lesquelles se trouvait l'établissement, ses ressources, ses besoins, l'indiquent et l'exigent. Mais comme la façon du cidre demande un autre matériel que celui d'un pressoir à vin, comme on n'écrase pas les pommes de la même manière qu'on foule les grappes, on commença par acheter pour 10 sols un pied de chêne, que le métayer du Cochet amena aux Carrés pour 15 deniers, puis le 9 septembre 1466, (nous enregistrons soigneusement cette date) Guillaume Brillet et Jean Hercent, moyennant un salaire de 6 sols, font de ce tronc d'arbre la première auge « pour piler les pommes des citres que l'on fait au dit lieu » des Carrés. Le même aménagement avait été préparé aux Bérardières, où nous trouvons également un pressoir à cidre.

Enfin, en 1468, nous allons assister, grâce à un texte explicite et détaillé, à la fabrication du cidre à Laval. A cause de l'importance du fait dans la question qui nous occupe, nous transcrivons intégralement ce fragment de compte.

« Pour faczon des cidres au dit an 1468, faits aux Carrèz,
» et aussi aux Berardières du fruictaiges des mectairies de
» cyens y apportez ; et aussi du proffit de celx qui au dit an
» firent des citres esdits lieux. Savoir est :
» Pour 9 jours que furent à piller pommes
» aux Bérardières Jehan Chevallier, Geofroy
» Dubray et Jacques Vaudelet, à 18 den. par
» jour. : 13ˢ   6ᵈ
» Item, au dit Chevallier pour la faczon de
» 3 sacs dudit citre. 2ˢ   3ᵈ

» Item à luy pour avoir gardé le dit pres-
» soir durant le temps des vendenges et
» faczon du citre, et servi à ceux qui y
» venoient faire leurs cidres. . . . .   10 ˢ   6 ᵈ

» Item, à Geffroy Dubrais, Jacques
» Vaudelet, Guillaume Jouet, Jehan Vaude-
» let, le fils Houdan de Saint-Estienne quels
» furent à cueillir et piller pommes de
» l'Aumosne et autres mectairies de cyens
» 31 jours à 18 ᵈ chascun. . . . .   47 ˢ   6 ᵈ

» Item, à Jehan Vaudelet, qui gouverna ledit
» pressoir des Carrez, pour la faczon de
» quatre sacs faicts des pommes des mec-
» tairies de cyens, pour chascun sac, 9 den.
» soit. . . . .   3 ˢ

» Item, a Godefray pour achat de deux
» tonneaux. . . . .   10 ˢ

» Qui sont en somme pour les cidres 4 liv. 6 sols,
» 9 deniers.

« Nota, et est a savoir que cil an 1468 y eut du fritaige
» des lieux de cyens et du prouffit des deux pressouers le
» nombre de dix sept pipes de cidre renduz es celliers de
» cyens ».

Nous n'en sommes plus à la première busse de cidre qui
figurait si pauvrement, en 1434, en compagnie d'une boisson
de cormes, ni aux deux busses amenées de la Chapelle-
Rainsouin quelqùes années plus tard. Les dix-sept pipes de
cidre sorties des pressoirs de l'Aumônerie et rangées dans
ses celliers sont un fort appoint apporté à la consommation
annuelle.

Les pressoirs dont on se servait au XVᵉ siècle et longtemps
depuis avaient, comme on le voit, des proportions très consi-

dérables, puisque sept *sacs* donnaient dix-sept pipes de cidre (1).

Au XVIIIᵉ siècle on voyait encore de ces pressoirs immenses. La prieure d'Avésnières qui avait droit de prendre dans la forêt de Concise, le bois nécessaire pour la réparation du pressoir de son prieuré, demandant deux chênes pour remplacer deux pièces de ce pressoir, les plus grands chênes de la forêt ne sont pas même suffi-sants (2).

Il ressort aussi du texte que nous venons de citer que les pressoirs n'étaient pas encore multipliés, puisqu'on apporte les pommes des autres métairies de l'Hôtel-Dieu aux Carrés et aux Bérardières. Il semble également que ces deux pres-soirs gardaient le privilège de banalité dont ils jouissaient pour le vin : nous voyons en effet les sujets du fief y apporter leur récolte et y faire leur cidre, sur lequel on percevait une part pour droits seigneuriaux ; c'est là ce que signifie « le prouffit des deux pressoirs ».

Pour la période où nous touchons, la source de rensei-gnements où nous avons puisé nous fait un peu défaut ; mais nous avons dans le journal rimé de Guillaume Le Doyen un précieux supplément. Sa chronique, qui est surtout une mercuriale, nous dira les alternatives d'abon-dance et de disette pour le vin et pour le cidre, et nous y trouverons l'opinion d'un contemporain sur l'estime relative que l'on faisait de l'un et de l'autre.

En 1481, la vigne manque complètement au Maine et dans

---

(1) Cette expression « sacs de cidre » ou « sacs faits des pommes des mectairies » était encore en usage il a quelques années. On appelait *sac* la motte de marc mise sous le pressoir et qu'on liait avec des torsades de paille, avant qu'on eut muni les pressoirs des cages en bois qui maintiennent le marc.

(2) *Archives de Thouars,* Comptes de tutelle de M. le duc de La Trémoille.

l'Anjou. Réduit à boire le cidre de la Chapelle-Anthenaise, G. Le Doyen n'en semble ni heureux, ni flatté.

> Il ne fut cette année nulz vins
> Car il ne fut point de raysins,
> Ne en ce pais ne en Anjou.
> Mortes vignes en chascun lieu.
> Pippe de vin veil de ce pais,
> Douze francs, s'en estoit le pris.
> Mais la Chapelle-d'Anthenaise
> Eut le cours, dont chascun fut aisé;
> Car leurs cidres avoient gardez
> Qui furent moult contregardez,
> Huit deniers on vendoit le pot.
> Boyre cidre c'est pouvre escot (1).

En 1486, nouvelle disette de vin, on recourt encore au cidre, *breuvage de maçons*, qui fut abondant.

> Il fust peu de blez et de vins
> Qui furent bons a toutes fins,
> Et fut le peuple recouvré.
> Vignes avoint trop demouré ;
> Et pourtant de sur les villaiges
> Avoint assez cueilly fruitaiges ;
> Car sitres fut à grans fouesons,
> Mais c'est breuvaige pour maczons.

(1) *Annales et chronicques du pais de Laval*, p. 21. Nous donnons cette citation et les suivantes d'après le texte du manuscrit de la Bibliothèque nationale, Fonds français, 11512. M. L. La Beauluère s'est servi pour sa publication de la copie de ce manuscrit qu'il n'avait pas pu confronter avec l'original, et dont les divergeances ne sont pas toujours de simples variantes d'orthographe. Nous croyons aussi contrairement à ce que nous avons affirmé ailleurs sur les renseignements qui nous avaient été donnés, que le manuscrit de la Bibliothèque nationale, est bien de la main de Guillaume Le Doyen.

Vins de Sainct-Denis, à deux sols
Valoit le pot, dont n'estoint saoulz,
Dix-huit deniers Fromentières
Et six deniers sitre aux Aynières (1).

1500. Les pommes manquent à leur tour.

« De sidre aussi de fruitaiges
» Bien peu en fut sur les villaiges. (2)

1502. Les vignes gelèrent.

» Les cidres eurent leur année (3).

1506. Le vin était rare et cher.

» Il estoit appelé *Monsieur*
» A quelque table de seigneur
» Qu'il fut présenté... (4)

1519. Le vin est appelé « un notable », si détestable qu'il
fut par ailleurs. Car, dit Le Doyen, il.

» Estoit lors de plusieurs couleurs
» Blanc, rouge, vert ; puis les saveurs
» Ne revenoient point bien aux dens (5).

Olivier Basselin avait dû boire le vin de Laval, une annnée
qu'il ressemblait à celui de 1519, quand il disait :

» De Colinon ne beuvez pas,
» Car il mène l'homme à trespas.

(1) *Annales et chronicques du pais de Laval*, p. 36.
(2) *Ibid.*, p. 88.
(3) *Ibid.*, p. 100.
(4) *Ibid.*, p. 118.
(5) *Ibid.*, p. 172.

» Laval rompt la ceinture ;
» Ce sont bailleurs de tranchaisons,
» Ennemis de la nature. (1)

On peut prévoir que le cidre, quand il sera mieux préparé et quand les palais bourgeois se seront accoutumés à sa saveur particulière, triomphera du préjugé qui le tenait en défaveur, et remplacera sur toutes les tables un vin aussi aigre aux dents que funeste à l'estomac. Déjà du reste on détruit les vignes. Guillaume Le Doyen, dans une enquête qu'il fait comme notaire, constate que des clos de vigne ont étéconvertis en culture de blé (2).

Quand nous retrouvons les comptes de l'Aumônerie tenus plus régulièrement, vers 1550, le dernier progrès qui restait à réaliser dans l'industrie du cidre, la fabrication sur place par la multiplication des pressoirs, paraît entièrement réalisé. L'hôpital fait son cidre, non plus seulement aux Carrés et aux Bérardières comme cent ans auparavant, mais dans toutes ses métairies qui sont maintenant pourvues de l'outillage nécessaire. Voici pour l'année 1556 le rendement de celles qui n'étaient pas affermées à prix d'argent, mais cultivées à colonie partiaire.

La Cotellière (de Laval) : 5 pipes.

La Richardaie (de Louvigné) : 3 pipes.

La Beaugrandière (de Louverné) : 1 pipe et demie.

La 1re Aumône (de Louverné) : 2 pipes.

La 2me Aumône (de Louverné) : 2 pipes.

Il ne semble pas pourtant que le nombre des vergers se soit beaucoup accru, car le produit annuel à la fin du XVIe siècle pour l'Aumônerie-Saint-Julien est le même que nous trouvions cent ans plus tôt. On a 17 pipes en 1593 comme

(1) Citation faite d'après M. L. La Beauluère, en ses notes sur Le Doyen, p. 352. Sans décider la question de savoir si les *Vaux-de-Vire* sont d'Olivier Basselin ou s'ils lui sont prêtés.

(2) *Ibid.*, p. 351.

en 1488. Mais l'augmentation avait été du double de 1586 à 1593. Peut-être aussi faut-il tenir compte des conditions différentes dans les fermages d'une époque à l'autre, et des profits de fief qui n'existaient plus quand chacun eut son pressoir.

Les pommes entrent aussi pour une part de plus en plus considérable dans l'alimentation comme fruits de table. Ce sont les *fruitaiges* dont parlait Le Doyen. En 1556 les métairies de l'Hôtel-Dieu en fournissent onze pipes.

Pendant ce temps là que devenaient les vignobles du comté de Laval ? Pour l'Aumônerie-Saint-Julien, la culture en est réduite à dix, puis bientôt à huit quartiers, situés aux Carrés, dont le produit encore assez rémunérateur est de 15 pipes en moyenne jusqu'en 1550. A cette moitié du siècle, le vin figure encore dans la dépense pour une quantité double de celle du cidre : 33 pipes de vin contre 15 pipes de cidre pour les trois années de 1556 à 1558.

Mais subitement la vigne va décliner d'une façon rapide, comme l'indique le tableau des dernières vendanges :

1565. 4 pipes.	1583. 5 pipes et demie.
1566. 4 pipes et demie.	1584. 1 pipe et trois quarts.
1567. 4 pipes.	1585. 1 pipe et demie.
1574. 2 pipes.	1586. 2 pipes.
1575. 1 pipe.	1587. 1 busse.
1576. Néant.	1588. 1 busse.
1580. 4 pipes.	1592. 3 pipes.
1581. 4 pipes et demie.	1593. ⎫ Rien à cause de la
1582. 7 pipes.	1594. ⎭ gelée.

Ainsi après une faible reprise de 1580 à 1583, la décadence devint complète et la gelée de 1593 et 1594 est comme le coup de grâce. On fit encore néanmoins des frais considérables pour relever la vigne après les désastres de ces dernières années et replanter de nouveaux « provings », mais ce fut en pure perte. Dans leurs comptes de 1604 à 1606, les receveurs de l'Hôtel-Dieu nous apprennent qu'ils « ne font aucune charge du revenu des vignes qui dépendent du dit Hospital, à raison qu'elles ont esté beschées, comme est porté par le compte précédent, et annexées avec le lieu du Pressoir dépendant du dit Hospital ».

C'est l'acte de décès de la vigne non seulement pour les dépendances de l'Aumônerie, mais, à quelques années près, pour tout le pays. Désormais le vin figure aux achats dans les comptes des dépenses, et le cidre se recueille sur les métairies. C'est l'inverse de ce que nous avons signalé au commencement de cet article, quand on achetait le cidre de pommes et de cormes et que l'on cultivait la vigne. Cette révolution alimentaire et agricole s'est donc accomplie en deux siècles, des premières années du XVe siècle au commencement du XVIIe.

Si maintenant nous recherchons quand et comment le cidre a été introduit' dans la Normandie, nous apprenons avec quelque surprise que l'apparition de cette boisson si normande n'y date pas, d'après les auteurs et les documents les plus autorisés (1), d'une époque très reculée. Suivant ces témoignages, le cidre était déjà la boisson du peuple dans le Maine, qu'il était encore inconnu en Normandie.

« Il n'y a pas cinquante ans, disait en 1573 un auteur normand, qu'à Rouen et en tout le pays de Caux, la bière estoit le boire commun du peuple, comme est de présent le cidre...... En Normandie il ne se trouve monastère, ne maison antique où il n'y ait vestiges manifestes et apparentes ruines de brasseries de bière qu'on y soûloit faire pour la provision ordinaire (2). »

(1) *Leçons sur les propriétés médicales et hygiéniques du cidre*, par le docteur Denis-Dumont, 2e édition, Caen, page 109.

(2) *Traité du Sidre*, par Paulmier, 1573, cité d'après M. le docteur Denis-Dumont, *ubi supra*.

Comme d'ailleurs, d'après des textes certains, la vigne était cultivée en Normandie aux XIIe et XIIIe siècles, il faut en conclure que la bière remplaça le vin normand, et fut supplantée vers le milieu du XVIe siècle par le cidre. Chez nous au contraire le vin a fait place au cidre sans intermédiaire.

Au XVIe siècle encore, chez nos voisins la bière était la boisson du peuple et des domestiques « comme moins chère et plus commune (2) », et le cidre la boisson de luxe réservée aux maîtres. Nous avons vu qu'il en était tout différemment dans le Bas-Maine, à cette époque où le vin était appelé « Monsieur », et le cidre « Gilles du Pommain, breuvage de maczons ».

Enfin, puisque les premières greffes ne sont pas importées de Normandie, d'où nous viennent-elles? Cette question reste à résoudre. Seulement il paraît que la Normandie doit ce bienfait aux pays Basques, où les meilleures espèces de pommes étaient cultivées depuis longtemps.

(1) *Traité du Sidre*, par Paulmier, 1573, cité d'après M. le docteur Denis-Dumont, *ubi supra*, page 112.

Mamers. — Typ. G. Fleury et A. Dangin. — 1889.